BEI GRIN MACHT SICH IHR WISSEN BEZAHLT

- Wir veröffentlichen Ihre Hausarbeit, Bachelor- und Masterarbeit

- Ihr eigenes eBook und Buch - weltweit in allen wichtigen Shops

- Verdienen Sie an jedem Verkauf

Jetzt bei www.GRIN.com hochladen und kostenlos publizieren

Bibliografische Information der Deutschen Nationalbibliothek:

Die Deutsche Bibliothek verzeichnet diese Publikation in der Deutschen National-
bibliografie; detaillierte bibliografische Daten sind im Internet über http://dnb.d-
nb.de/ abrufbar.

Impressum:

Copyright © 2018 GRIN Verlag
Druck und Bindung: Books on Demand GmbH, Norderstedt Germany
ISBN: 9783346087072

Charlotte Hüser

Zusammenhang zwischen Nationalismus, politischen Einstellung und dem europäischen Zugehörigkeitsgefühl

GRIN Verlag

GRIN - Your knowledge has value

Der GRIN Verlag publiziert seit 1998 wissenschaftliche Arbeiten von Studenten, Hochschullehrern und anderen Akademikern als eBook und gedrucktes Buch. Die Verlagswebsite www.grin.com ist die ideale Plattform zur Veröffentlichung von Hausarbeiten, Abschlussarbeiten, wissenschaftlichen Aufsätzen, Dissertationen und Fachbüchern.

Besuchen Sie uns im Internet:

http://www.grin.com/

http://www.facebook.com/grincom

http://www.twitter.com/grin_com

Zeppelin Universität

Seminararbeit

Angewandte Statistik mit R

Thema:

Zusammenhang zwischen Nationalismus, sowie der politischen Einstellung und dem europäischen Zugehörigkeitsgefühl

-

Analyse anhand des ESS 2016

Bearbeitet von: Charlotte Victoria Maria Hüser

Studiengang: Sociology, Poltics & Economics

Abgabetermin: 29.06.2018

Zusammenfassung

Diese Hausarbeit beschäftigt sich mit der Frage, ob es einen Zusammenhang zwischen dem Erstarken von Nationalismus, sowie der rechten Parteien und dem Zugehörigkeitsgefühl zu Europa gibt. Zur Beantwortung dieser Frage auf statistischer Basis wurde das Programm R Studio verwendet. Als Datensatz ist der European Social Survey (ESS) des European Research Infrastructure Consortium von 2016 herangezogen worden. Die Ergebnisse weisen auf einen signifikanten Zusammenhang zwischen den Variablen hin. Dabei wurde deutlich, dass ein starkes Zugehörigkeitsgefühl zu Europa auch mit einem starken Nationalgefühl einhergehen kann und dieses nicht nur bei den Poltisch-rechtsgesinnten, mit anti-europäischen Einstellungen vorliegt.

Abstract

This research paper deals with the question of whether there is a connection between the rise of nationalism, the strengthening of right-wing parties and the sense of belonging to Europe. To answer this question the statistics program R Studio was used. The dataset used is the European Social Research Survey (ESS) of the European Research Infrastructure Consortium of 2016. The results indicate a significant conection between the variables. It became clear that a strong sense of belonging to Europe can also go hand in hand with a strong sense of nationality, and that this is not only the case for political right-wing supporters, with anti-european attitudes.

Inhaltsverzeichnis

1. Einleitung

In Europa bilden sich immer mehr anti-europäische und nationalistische Gruppen.[1] Europa wird immer häufiger kritisch gesehen. Gleichzeitig wird die eigene Nation in den Wahlprogrammen (vor allem der rechten Parteien, wie z.B. der *AfD*), aber auch von Bewegungen (wie z.B. den sog. „Identitären") immer häufiger in den Vordergrund gestellt und als Lösung von Problemen angepriesen.

Die Frage ist, ob es hier einen Zusammenhang gibt und wenn ja; nimmt durch das (Wieder-) Erstarken des Nationalgefühls, das Gefühl „zu Europa zu gehören" ab und geht dies einher mit der Zunahme von rechten Bewegungen?

2. Theorie

Die Zunahme des Nationalismus ist in nahezu allen europäischen Ländern erkennbar. Bevor weitere Zusammenhänge analysiert werden, soll im Folgenden der Begriff „Nationalismus" erklärt werden:

> Nationalismus ist nach Lemberg „ein System von Vorstellungen, Wertungen, und Normen, ein Welt- und Gesellschaftsbild, und das bedeutet: eine Ideologie, die eine durch irgendeines der erwähnten Merkmale (Sprache, Kultur etc.) gekennzeichnete Großgruppe ihre Zusammengehörigkeit bewusst macht und dieser Zusammengehörigkeit einen besonderen Wert zuschriebt, mit anderen Worten: diese Großgruppe integriert und gegen ihre Umwelt abgrenzt."[2]

Das Wiederaufkommen dieser Vorstellung der eigenen, besseren Nation ist eine der „Erscheinungen und Konsequenzen der Moderne."[3] „Die Modernisierung, und damit einhergehend die Globalisierung bzw. Denationalisierung werden übereinstimmend als Ursache gesehen."[4] „Die, der bürgerlichen Gesellschaft durch ihr Streben nach wirtschaftlichem Wachstum und materiellem Wohlstand „aufgezwungenen" Kennzeichen – Mobilität und Wachstum – „verpflichten ihre sozialen Einheiten zur Größe und gleichzeitig zu kultureller Homogenität." Die Idee, dass die Aufrechterhaltung und Weiterentwicklung von Kulturen nicht nur eine innere Ordnung, sondern auch den

---

[1] Vgl. Fünf Sterne Bewegung in Italien und den Zulauf der AfD Wähler bei der letzten Wahl mit + 7,9 % seit 2013 und Einzug (zum ersten Mal) in den Bundestag mit 12,6 % der Wählerstimmen auf dem dritten Platz, vor der FDP.
[2] Pinkert, 2000, S. 27.
[3] Pinkert, 2000, S. 44. (aber auch ff.)
[4] Nauenburg, 2005, S.3.

Schutz des Staates nach Außen benötigt, wird immer populärer.[5] „Globalisierung kann (…) als räumliche Erweiterung von ökonomischen, kulturellen und politischen Beziehungen bei gleichzeitige zunehmender Interdependenz von Akteuren und Problemlagen definiert werden."[6] Die bisherige Weltordnung hat sich durch die Ausdifferenzierung und Individualisierung beängstigend schnell verändert.[7] Die Angst vor dem Verlust nationalstaatlicher Handlungs- und Steuerungskompetenzen bzw. der Aufgabe der eigenen Souveränität nimmt zu.[8] „Der Territorialstaat ist – in Folge der Globalisierung – einem Bedeutungsverlust unterworfen. Dieser Bedeutungsverlust hat einen Verlust an Identität zur Folge, der wiederum Nationalismus fördert."[9] Die Einheit des eigenen Lebensraums droht zu zerbrechen. Viele Menschen stecken in einer Art geistigen Orientierungskrise und fürchten einen Identitätsverlust durch Desintegration und Anomie.[10] Sie sind auf der „Suche nach einem Ankerplatz in einer – subjektiv – immer unübersichtlicheren, unsicheren Welt."[11] Der „Mensch hat das Bedürfnis nach klar definierten Identitäten.[12] Identität definiert sich nach Außen hin durch die Abgrenzung von anderen Nationen, Gesellschaften und Kulturen. Die „strukturelle Differenzierung" wirkt „integrationshemmend"[13] und es fördert den Rückbezug auf die eigene Kultur, das eigene, einem bekannte Land. Im Moment ist in Europa weder ein klarer (kultureller, politischer etc.) Plan, noch eine gemeinsame Identität zu finden.[14]

Dieses Gefühl des Identifikationsverlustes greifen (nicht nur in Deutschland) die rechten Parteien auf und bieten in ihren Wahlprogrammen Alternativen und Identifikatoren an. Dies geschieht mittels der Glorifizierung der eigenen Kultur bzw. des eigenen Landes und der bewussten Abgrenzung gegenüber anderen Kulturen und Nationen.[15] Es wird ein klares überschaubares Weltbild vermittelt mit einer starken eigenen nationalen Rolle.[16] Die Gruppenzugehörigkeit bietet dem Individuum eine Orientierung und einen festen Platz in der Welt.[17]

---

[5] Vgl. Pinkert, 2000, S. 45.
[6] Pinkert, 2000, S. 35.
[7] Vgl. Pinkert, 2000, S. 47.
[8] Vgl. Pinkert, 2000, S. 37.
[9] Pinkert, 2000, S. 133.
[10] Vgl. Pinkert, 2000, S. 43.
[11] Pinkert, 2000, S. 49.
[12] Pinkert, 2000, S. 140.
[13] Pinkert, 2000, S. 54.
[14] Dies könnte sich jedoch möglicherweise durch die unsichere politische Lage in Bezug auf die US-amerikanische Politik und den anstehenden Handelskrieg wieder ändern, da die EU-Länder stärker zusammenarbeiten müssen, um Stärke zu zeigen.
[15] Vgl. Arzheimer,/ Schoen/ Falter, 2001.
[16] Vgl. Nicke (Cicero), 2016.
[17] Vgl. Nicke (Cicero), 2016.

In Deutschland ist als politisch rechtsorientierte Partei vor allem die *Alternative für Deutschland* (AfD) zu nennen. Diese steht für die Freiheit und Selbstbestimmung der europäischen Nationen.[18] Ihr Ziel ist u.a. die Zurückführung der Europäischen Union in einen Staatenbund souveräner Staaten.[19] Sie gehen davon aus, dass es kein europäisches Staatsvolk gibt und, dass sich ein solches auf absehbare Zeit nicht herausbildet.[20] Die AfD befürwortet einen Austritt Deutschlands aus der EU.[21] Die Partei betont die Bedeutung der sog. deutschen Leitkultur, welche für sie auf den Werten des Christentums, der Antike, des Humanismus und der Aufklärung fußt.[22] Diese umfasse „neben der deutschen Sprache auch unsere[23] Bräuche und Traditionen, Geistes- und Kulturgeschichte."[24]

Dies wirft die Frage danach auf, ob es einen Zusammenhang zwischen Nationalismus, der Zunahme des Zuspruches rechter Parteien, sowie der Abnahme des Zugehörigkeitsgefühls zu Europa, gibt. Es wurden diesbezüglich zwei Hypothesen aufgestellt, welche im Folgenden formalisiert, analysiert und kritisch begutachtet werden.

Hypothese 1: Je stärker das Nationalgefühl, desto geringer die Europa - Identifikation.
Hypothese 2: Je stärker man sich politisch rechts einschätzt, desto geringer die Europa
- Identifikation.

---

[18] Vgl. AfD Wahlprogramm, 2017.
[19] Vgl. AfD Wahlprogramm, 2017.
[20] Vgl. AfD Wahlprogramm, 2017.
[21] Vgl. Kurzfassung des AfD Wahlprogramm, 2017.
[22] Vgl. AfD Wahlprogramm, 2017.
[23] Anmerkung der Autorin: mit „unserer" beziehen sie sich stets auf das sog. deutsche Volk.
[24] AfD Wahlprogramm, 2017, S. 47.

3

3. Datenanalyse und Methode

Um die Hypothesen zu überprüfen und einen potentiellen Zusammenhang zwischen dem europäischen und dem nationalen Zugehörigkeitsgefühl, sowie dem Zuspruch rechter Parteien und Bewegungen herauszufinden, wurde zuerst ein passender Datensatz gesucht. Dieser muss der Fragestellung bzw. den Hypothesen entsprechende Variablen beinhalten.

A. Datensatz: ESS8e02

Für die Überprüfung der Hypothesen wurde der Datensatz „ESS8e02"[25] des *European Social Survey* (ESS) aus dem Jahr 2016 vom European Research Infrastructure Consortium ausgewählt. Es handelt sich um eine repräsentative, nationale Langzeitstudie, die seit 2002 im Abstand von zwei Jahren Daten in ganz Europa erhoben wird. Die spezifischen Daten werden in Deutschland vom Institut für angewandte Sozialwissenschaften (infas), im Auftrag der Universität Mannheim, erhoben.

Nach einer Datenformatierung bzw. -bereinigung bei der zuerst nur die Antworten der Deutschen (ESS_DE) und dann die Antworten, die sich auf die Variablen beziehen ausgewählt wurden (ana_dat) beinhaltet der hier verwendete Datensatz nur noch 2754 Antworten der Befragten aus Deutschland. Die Nutzung eines solchen Analysedatensatzes soll die Vergleichbarkeit bei der Analyse und Regression gewährleisten.

B. Variablen

Es wurden fünf Variablen kodiert: drei Analyse- und zwei Kontrollvariablen. Zum Zwecke der Verwendung der Regression wird bei allen Variablen eine Intervall-Skalierung angenommen bzw. wurden die Variablen in eine numerische Form gebracht. Außerdem wurden alle Variablen auf ihren Mittelwert zentriert, um die Ergebnisse der multivariaten Analyse mit allen Variablen vergleichbarer zu machen.

---

[25] ESS8e02 (2016).

a. Abhängige Variable: Gefühlsmäßige Verbundenheit zu Europa

Die gefühlsmäßige Verbundenheit zu Europa wurde durch die Frage C10 abgefragt.[26] Dies entspricht der Variable *atcherp* des „ESS8e02" Datensatzes. Es ist eine nicht landesspezifische Frage, welche europaweit allen Teilnehmern der ESS Studie 2016 gestellt wurde.

Die Befragten sollten Angaben zu ihrer Verbundenheit zu Europa anhand einer Ordinalskala von 0 bis 10 machen. 0 steht hierbei für „gefühlsmäßig überhaupt nicht verbunden" und 10 für „gefühlsmäßig sehr verbunden".

Die Analyse ergibt, dass sich die Befragten gefühlsmäßig eher (stärker) mit Europa verbunden fühlen. Der Mittelwert liegt bei 6,16.[27] Somit liegt eine klare Rechtschiefe vor. Der Median ist 6 und der Modus (d.h., die am häufigsten genannte Antwort) 8. Fast die Hälfte der Befragten haben Angaben zwischen 5 und 7 gemacht (1276), fühlen sich also gefühlsmäßig mittelmäßig bis etwas stärker mit Europa verbunden. Nur 581 haben eine 0, 1, 2, 3 oder 4 angegeben und fühlen sich somit eher weniger bis gar nicht mit Europa gefühlsmäßig verbunden. Dahingegen haben wesentlich mehr (897) eine 8, 9 oder 10 angegeben, fühlen sich also gefühlsmäßig sehr stark mit Europa verbunden.

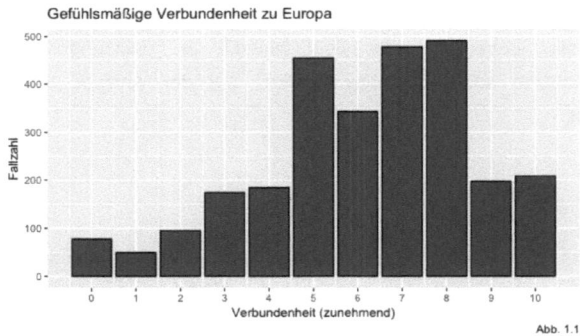

Abb. 1.1

---

[26] Frage: „Wie stark fühlen Sie sich Europa gefühlsmäßig verbunden?".
[27] Um die Vergleichbarkeit zu gewährleisten, werden alle Analysen mit den Daten aus dem Analysedatensatz (ana_dat) vollzogen.

5

b. Unabhängige Variable: Nationalismus bzw. gefühlsmäßige Verbundenheit zu Deutschland

Starker Nationalismus kann - wie oben erläutert - mit „mit übersteigertem Nationalgefühl"[28] gleichgesetzt werden. Aus dem Grund scheint es passend die Variable Nationalismus durch die deutschlandspezifische Frage C9 „Wie stark fühlen Sie sich Deutschland gefühlsmäßig verbunden?" abzufragen bzw. zu definieren. Dies entspricht der Variable *atchctr* des „ESS8e02" Datensatzes.

Die Befragten mussten auch hier ihre Antwort anhand einer Ordinalskala von 0 bis 10 angeben. 0 steht hierbei wieder für „gefühlsmäßig überhaupt nicht verbunden" und 10 für „gefühlsmäßig sehr verbunden".

Die Analyse zeigt, dass der Mittelwert bei 7.494 liegt. Die Verteilung ist folglich stark rechtsschief. Der Median, sowie der Modus sind 8. Die befragten Deutschen fühlen sich gefühlsmäßig stark mit Deutschland verbunden. 2487 Teilnehmer der Umfrage haben eine 5 oder eine höhere Zahl angegeben, sie fühlen sich also durchschnittlich und überdurchschnittlich stark mit Deutschland verbunden. Fast die Hälfte der Befragten haben eine 7 oder eine höhere Zahl angegeben (1376), d.h. sie fühlen sich sehr stark mit Deutschland verbunden.

Im Vergleich zur Einstellung zu Europa haben die Befragten hier deutlich stärkere Verbundenheit angegeben.

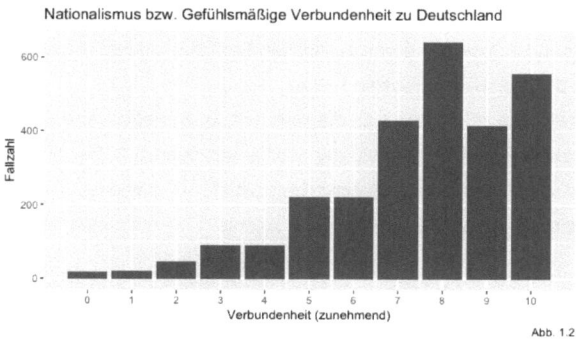

Abb. 1.2

---

[28] Pinkert, 2000, S. 28 (Zitat ursp. von: Bender, 1993, 79).

6

c. Unabhängige Variable: Politische Ausrichtung

Es gibt verschiedene Möglichkeiten den Bürger ins politische Spektrum einzuordnen. Gemeinhin wird die politische Einstellung als „links" oder „rechts" bezeichnet. Hintergrund dieser Einteilung ist die Sitzordnung in der französischen Abgeordnetenkammer 1814. Menschen mit sog. *linken* Werten streben eine Änderung der politischen und sozialen Verhältnisse hin zu mehr Gleichheit und einem verstärkten Solidargedanken an. Demgegenüber betonen die Verfechter der *rechten* Werte stärker das Nationale. Sie befürworten die Rückbesinnung auf die deutsche Kultur, sind gegen die Vermischung verschiedener Kulturen (gegen Ausländerzuzug) und für die Wahrung traditionell konservativer Werte.

Für die statistische Auswertung der politischen Einstellung wurde die Frage B26 ausgewählt (Variable *lrscale* des „ESS8e02" Datensatzes*)*. Es handelt sich nicht um eine landesspezifische Frage, da das Rechts-Links-Schema in ganz Europa gleichermaßen bekannt und verbreitet ist.

Die Befragten wurden dazu aufgefordert, sich selber in das politische Spektrum einzuordnen.[29] Hierbei gab es die Antwortmöglichkeiten von „0 (Links)" bis „10 (Rechts)", sowie die Antwortmöglichkeit „Weiß nicht".[30]

Bei Betrachtung des ESS_DE Datensatzes sieht man, dass 2765 Teilnehmer die Frage beantwortet haben bzw. sich in das politische Spektrum haben einordnen können. 87 haben keine Antwort abgegeben. Diese vergleichsweise hohe Zahl[31] könnte dafürsprechen, dass die Frage schwieriger zu beantworten war, sprich Menschen sich weder dem einen noch dem anderen politischen Spektrum zuordnen konnten, oder aber die Befragten politisch desinteressiert waren.

Die Datenauswertung zeigt, dass sich die Mehrheit der Befragten eher in der politischen Mitte einordnet.[32] Der Median, sowie der Modus betragen 5.[33] Der Mittelwert liegt bei 4,396. Auch diese Verteilung ist folglich rechtsschief. Auffallend ist, dass sich mehr als viermal so viele ganz „links" (117), als ganz „rechts" (23) eingestuft haben. Insgesamt

---

[29] Frage: „In der Politik spricht man manchmal von „links" und „rechts". Wo auf der Skala auf Liste 10 würden Sie sich selbst einstufen, wenn 0 für links steht und 10 für rechts?".
[30] Die „Weiß nicht" Antworten werden bei der vorliegenden Analyse außenvorgelassen und nicht mit einberechnet.
[31] Auch wenn es nur etwas mehr als 3% aller Befragten sind, sind es doch weitaus mehr als bei den anderen beiden Variablen, wo jeweils nur wenige Angaben entfallen waren (NA = 15 bei Europazugehörigkeitsgefühl und 6 bei der Abfrage der nationalistischen Einstellung).
[32] Mehr als die Hälfte der Befragten (1627) haben eine 4, 5 oder 6 angegeben.
[33] Es wird auch hier für die Analyse der Analysedatensatz (ana_dat) benutzt.

scheint es nach den Angaben so, als ob es in Deutschland wesentlich mehr links[34] als rechts[35] Gesinnte gibt.

Ein Grund für diese Einordnung könnte das schlechte Image der rechten Szene sein. Insoweit sind die Angaben zu dieser Frage mit Vorsicht zu betrachten, da der tatsächliche Anteil an Personen mit rechts- (aber auch links-) extremen Orientierungen durch diese Angaben nicht unbedingt korrekt wiedergespiegelt wird.

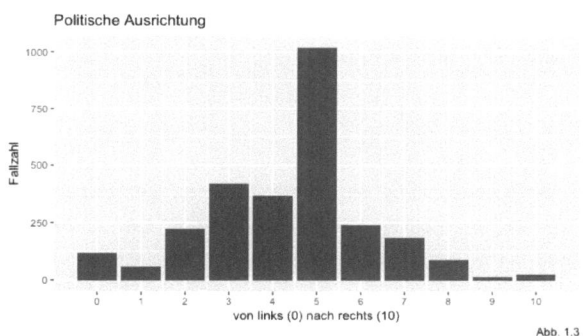

Abb. 1.3

C. Kontrollvariablen: Geschlecht und Wohngebiet

Um weitere mögliche Einflüsse zu überprüfen wurden die nicht landesspezifischen Angaben zum Geschlecht[36], sowie dem Wohngebiet[37] als Kontrollvariablen herangezogen.[38] Fraglich ist, ob es einen Zusammenhang, der die Analyse beeinflussen könnte zwischen dem Geschlecht oder dem Wohngebiet und der Identifikation mit Europa gibt.

Beim Geschlecht mit den Ausprägungen männlich oder weiblich liegt der Median bei 1; der Mittelwert: 1,468. Die Verteilung ist quasi normal mit 1464 männlichen und 1290 weiblichen Teilnehmern.

Die Angaben zum Wohngebiet wurden in die folgenden Kategorien eingeteilt: Großstadt (1), Vorort oder Randgebiet einer Großstadt (2), Stadt oder Kleinstadt (3), Dorf (4), Bauernhof oder Haus auf dem Land (5). Es gab außerdem die Möglichkeit „Weiß nicht"

---

[34] 1187 Angaben für 0,1,2,3 oder 4.
[35] 546 Angaben für 6,7,8,9 oder 10.
[36] Vgl. Variable: *gndr* aus ESS, Frage F2_Zp.
[37] Vgl. Variable *domicil* aus ESS, Frage F14.
[38] Auch hier werden bei der Analyse die Daten aus dem Analysedatensatz (ana_dat) verwendet.

anzugeben.[39] Die Analyse der Angaben bezüglich des Wohngebietes ergeben einen Mittelwert von 2,91 und einen Median von 3. Auch diese Verteilung sieht für Deutschland recht normal aus. Die meisten Menschen leben in einer Stadt oder einer Kleinstadt (1040), wenige leben auf einem Bauernhof oder auf dem Land (61).

4. Analyse der Variablen

Die Analyse der Daten besteht einerseits aus der Korrelationsuntersuchung, andererseits aus der Regressionsanalyse.

A. Korrelation

Bei der Korrelationsuntersuchung wird überprüft, ob es wechselseitige Beziehungen bzw. Zusammenhänge zwischen den Variablen gibt. Die Korrelation weist auf Zusammenhänge hin, ist aber weder ein Beweis für Kausalitäten, noch zeigt es an, welche der Variablen, welche bedingt. Der gerichtete Zusammenhang wird erst durch die Regressionsanalyse sichtbar.

Eindeutig besteht eine stark-positive Korrelation zwischen der nationalistischen Einstellung und dem Europazugehörigkeitsgefühl (0,45), sowie der politischen Ausrichtung (0,15).

Die Verbindung zwischen dem Europazugehörigkeitsgefühl und der politischen Ausrichtung ist zwar schwach (-0,04), aber vorhanden.

Bei Betrachtung der Zusammenhänge zwischen den Analysevariablen und den Kontrollvariablen ist die Korrelation zwischen der politischen Ausrichtung und dem Wohngebiet (0,11), sowie der politischen Ausrichtung und dem Geschlecht (-0,06) hervorzuheben. Die restlichen Korrelationen sind sehr gering.

---

[39] Diese Angaben werden bei der Analyse nicht mit einberechnet.

B. Regression

Um noch konkretere Zusammenhänge herauszufinden, wurde eine lineare Einfachregression durchgeführt. Erst wurden jeweils die abhängigen Variablen einzeln auf den Zusammenhang mit dem Europazugehörigkeitsgefühl getestet, danach alle drei Analysevariablen gleichzeitig und abschließend alle Analyse- und Kontrollvariablen, um sicher zu gehen, dass die Zusammenhänge nicht auf Scheinkorrelationen beruhen.

	Europazugehörigkeitsgefühl		Europazugehörigkeitsgefühl		Europazugehörigkeitsgefühl		Europazugehörigkeitsgefühl	
	B	std. Error	B	std. Error	B	std. Error	B	std. Error
(Intercept)	2.38 ***	0.15	6.40 ***	0.12	2.87 ***	0.16	2.74 ***	0.23
Nationalismus	0.51 ***	0.02			0.52 ***	0.02	0.52 ***	0.02
pol.Ausrichtung			-0.05 *	0.02	-0.14 ***	0.02	-0.13 ***	0.02
Geschlecht							0.21 **	0.08
Wohngebiet							-0.08 *	0.04
Observations	2754		2754		2754		2754	
R^2 / adj. R^2	.207 / .206		.002 / .001		.219 / .218		.222 / .220	
Notes							* $p<.05$ ** $p<.01$ *** $p<.001$	

Abb. 2. 1

Bei der Analyse des Zusammenhangs zwischen Nationalismus und dem Europazugehörigkeitsgefühl ist festzustellen, dass mit einem hohen Signifikanzgrad bei einem Anstieg des Nationalismus um eine Einheit, das Europazugehörigkeitsgefühl um durchschnittlich 0,51 Einheiten steigt. Der Determinationskoeffizient R^2 gibt den Anteil der Varianz von dem Europazugehörigkeitsgefühl an, der durch die Kenntnis der nationalistischen Einstellung bzw. gefühlsmäßigen Verbindung zu Deutschland erklärt werden kann. Das R^2 beträgt 0,207. Man kann also 20,7% der Varianz der Einstellung zu Europa durch die Einstellung zu Deutschland erklären. Es liegt folglich ein signifikant positiver Zusammenhang vor.

In Bezug auf den Zusammenhang zwischen dem europäischen Zugehörigkeitsgefühl und der politischen Selbsteinschätzung wurde festgestellt, dass bei einer Veränderung der politischen Einstellung um eine Einheit in die politisch - rechte Richtung, das Europazugehörigkeitsgefühl um durchschnittlich -0,05 sinkt; mit einer Signifikanz von mehr als 0,05%.
Hier war es sehr interessant die einzelne Analyse vorgenommen zu haben, da nur so der sehr kleine R^2 – Wert von 0,002 herausgefunden wurde. Man kann folglich nur 0,2% der Varianz der Einstellung zu Europa durch die politische Einstellung erklären.

Bei Betrachtung aller drei Analysevariablen lässt sich ebenfalls ein signifikanter Zusammenhang erkennen. Das Europazugehörigkeitsgefühl steigt um durchschnittlich 0,52 Einheiten, wenn der Nationalismus um eine Einheit zunimmt und sinkt um -0,14 Einheiten, wenn die politische Einstellung um eine Einheit steigt, d.h. die politische Einstellung rechter wird – angenommen, dass die jeweils andere Variable dabei kontrolliert bleibt. Das bedeutet, einerseits, dass das Gefühl zu Europa zu gehören mit der stärkeren gefühlsmäßigen Verbindung zu Deutschland steigt. Andererseits sinkt das Europazugehörigkeitsgefühl je politisch rechter man sich selber einschätzt.

Mit einem R^2 von 0,219 ist das Modell sehr aufschlussreich. Man kann 21,9% der Varianz des Verbundenheitsgefühls in Bezug auf Europa durch die Kenntnis der Einstellung zu Deutschland und der politischen Ausrichtung erklären.

In Hinblick auf die gesamte Analyse, einschließlich der Kontrollvariablen, ist festzustellen, dass die Ergebnisse nur wenig durch die Aufnahme der Kontrollvariablen verändert werden.

Auch die Einflüsse der Kontrollvariablen sind alle signifikant. Vor allem der Einfluss vom Geschlecht ist hervorzuheben (0,21). Es wurde festgestellt, dass Männer bei der Frage nach der Identifikation mit Europa durchschnittlich 0,21 Punkte höher angegeben haben als Frauen, d.h. sich gefühlsmäßig stärker mit Europa verbunden fühlen. Außerdem kann man sagen, dass sich die Deutschen je ländlicher sie leben immer weniger mit Europa verbunden fühlen (vgl. Wert von: - 0,08). Der Determinationskoeffizient R^2 beträgt 0,222. Man kann also 22,2% der Varianz der Einstellung zu Europa durch die Kenntnis der Daten der anderen Variablen erklären. Es gibt folglich einen signifikanten positiven Zusammenhang. Vor allem ist auffällig, dass das *adjusted R^2* trotz der vielen Variablen sehr hoch ist (22,0%). Dies spricht für die Signifikanz der Variablen (einschließlich der Kontrollvariablen).

Des Weiteren ist festzustellen, dass alle Standartfehler (*std. Error*) sehr gering sind. Der Standardfehler kennzeichnet die Standardabweichung der Stichprobenverteilung, wenn dieselben Berechnungen mit anderen Stichproben durchgeführt werden würden. Er zeigt die Verlässlichkeit der Schätzung an. Hier sind die Abweichungen folglich sehr klein. Die Kontrollvariablen haben keine Scheinkorrelationen offenbart und lassen, gemeinsam mit den niedrigen Standartfehlerwerten und der Betrachtung der Konfidenzintervalle, auf eine logische Schlussfolgerung und signifikante Werte der Studie schließen.

5. Resultate und Interpretation

Die Ergebnisse bezeugen signifikante Zusammenhänge zwischen dem Gefühl der Europa- und Deutschlandverbundenheit, sowie der politischen Ausrichtung.

2016, fast ein Viertel Jahrhundert nach der Gründung der Europäischen Union (1992), fühlen sich die Bürger Deutschlands, nicht überdurchschnittlich stark, aber zumindest doch eher gefühlsmäßig mit Europa verbunden (Vgl. Mean = 6,163; Median = 6; Modus = 8). Mit Deutschland identifizieren sich die Bürger naturgemäß wesentlich stärker (Vgl. Mean = 7,494; Median/ Modus = 8). Dies basiert nicht nur auf der Sprache, sondern u.a. auch auf den gemeinsamen Werten und Traditionen, die in der europäischen Gemeinschaft noch nicht genügend von der Politik gefördert worden sind.
Anders als in Betracht des stätigen Zuwachses der öffentlichen Präsens von rechten Parteien und Bewegungen erwartet, ordnen sich offenbar die Mehrheit der Befragten in der politischen Mitte (oder links davon) ein.

Es wurde herausgefunden, dass das nationale und das europäische Zugehörigkeitsgefühl gemeinsam ansteigen (Vgl. Wert von 0,52). Das heißt, dass die erste Hypothese: „Je stärker das Nationalgefühl, desto geringer die Europa-Identifikation." nicht bestätigt wurde. Im Gegenteil spricht eine engere gefühlsmäßige Bindung zu Deutschland, eher auch für eine Bindung zu Europa.
Wie erwartet und in den Parteiprogrammen der rechten Parteien Deutschlands ersichtlich, fühlen Menschen, die sich eher rechts im politischen Spektrum einordnen, sich weniger mit Europa verbunden. In den rechten Programmen und Protesten wird schließlich auch oft von den Vorteilen eines Austritts aus der EU gesprochen und der Rückbesinnung auf das deutsche (Vater)Land. Die zweite Hypothese: „Je stärker man sich politisch rechts einschätzt, desto geringer die Europa - Identifikation." wurde durch die Analyse folglich bestätigt.

6. Anmerkung

Es wäre interessant diese Analyse mit Datensätzen aus verschiedenen Jahren zu vollziehen, um mögliche Veränderungen in den Einstellungen der Menschen hinsichtlich Europa zu erkennen. Dies scheint angesichts der Migration und des Flüchtlingszuzugs in den letzten zehn Jahren sehr wahrscheinlich.
Hierfür war in dieser Hausarbeit leider keine Zeit.

I. Bibliographie

- ESS8e02 (2016). European Social Survey. verfügbar unter: http://www.europeansocialsurvey.org/download.html?file=ESS8csDE&c=DE&y=20 16
  - zit. als: ESS8e02 (2016).
- Fragebogen: Gesellschaft und Demokratie in Europa Deutsche Teilstudie im Projekt „European Social Survey" (Welle 8), 2016 (ESS8_questionnaires_DE(2016)) - abgerufen von: http://www.europeansocialsurvey.org/docs/round8/fieldwork/germany/ESS8_questi onnaires_DE.pdf am 12.6.2018
  - zit. als: **ESS8_questionnaires_DE(2016).**
- Arzheimer, Kai / Schoen, Harald / Falter, Jürgen W. (2001) Rechtsextreme Orientierungen und Wahlverhalten - erschienen in Rechtsextremismus in der Bundesrepublik Deutschland, Bonn, Bundeszentrale für politische Bildung
  - zit. als: **Arzheimer/ Schoen/ Falter, 2001.**

II. Online Literatur

- Wahlprogramm der Alternative für Deutschland für die Wahl zum Deutschen Bundestag am 24. September 2017 – abgerufen von: https://www.afd.de/wp-content/uploads/sites/111/2017/06/2017-06-01_AfD-Bundestagswahlprogramm_Onlinefassung.pdf am 12.6.2018
  - zit. als: AfD Wahlprogramm, 2017.
- Kurzfassung des Wahlprogramms der Alternative für Deutschland für die Wahl zum Deutschen Bundestag am 24.09.2017 - abgerufen von: https://www.afd.de/wp-content/uploads/sites/111/2017/08/AfD_kurzprogramm_a4-quer_210717.pdf am 12.6.2018
- zit. als: **Kurzfassung des AfD Wahlprogramm, 2017.**
- Nauenburg, Ricarda: Globalisierung und rechtspopulistische Wahlerfolge, 2005, Wissenschaftszentrum Berlin für Sozialforschung (WZB), Berlin – abgerufen von: https://bibliothek.wzb.eu/pdf/2005/i05-201.pdf am 12.6.2018
  - zit. als: **Nauenburg, 2005.**

III.   Abbildungsverzeichnis

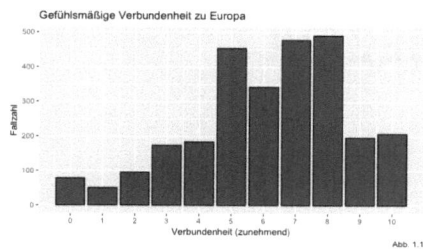

Gefühlsmäßige Verbundenheit zu Europa

Abb. 1.1

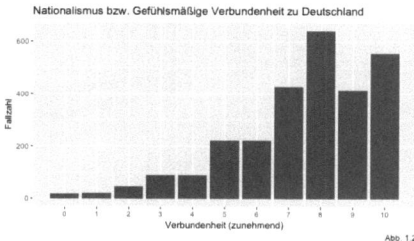

Nationalismus bzw. Gefühlsmäßige Verbundenheit zu Deutschland

Abb. 1.2

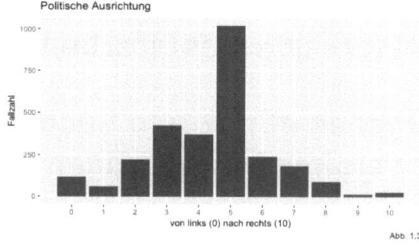

Politische Ausrichtung

Abb. 1.3

	Europazugehörigkeitsgefühl		Europazugehörigkeitsgefühl		Europazugehörigkeitsgefühl		Europazugehörigkeitsgefühl	
	B	std. Error	B	std. Error	B	std. Error	B	std. Error
(Intercept)	2.37 ***	0.15	6.39 ***	0.12	2.87 ***	0.16	-8.79	4.52
Nationalismus	0.51 ***	0.02			0.52 ***	0.02	0.54 ***	0.02
pol.Ausrichtung			-0.05 *	0.02	-0.14 ***	0.02	-0.13 ***	0.02
Geschlecht							0.21 *	0.08
Alter							0.01 *	0.00
Wohngebiet							-0.08 *	0.04
Observations	2752		2752		2752		2752	
R^2 / adj. R^2	.207 / .207		.002 / .001		.219 / .218		.223 / .222	
Notes							* $p<.05$ ** $p<.01$ *** $p<.001$	

Abb. 2 2